水果背后的秘密系列

U0384905

芒果，你从哪里来

温会会 / 编
北视国 / 绘

浙江人民美术出版社

2

杧果原产于印度、马来半岛等地，是典型的热带水果。它被旅行者带到世界各地，用带有异域风情的独特口感征服了人们的胃，并开始大规模地进行种植。

3

将一个杧果纵向切开，你会发现它的果核是扁平状的。将果核放在通风的地方晾干，再沿着边缘剪开，就能看到里面藏着一颗蚕豆似的种子！

剥除掉种子表面的咖啡色薄膜，将其浸泡在水中，几天后种子开始萌芽，这时要将它移植到土壤中，不久，有嫩芽的一端会稍稍露出土壤，然后，就请欣赏它展现神奇的生命魔法吧！

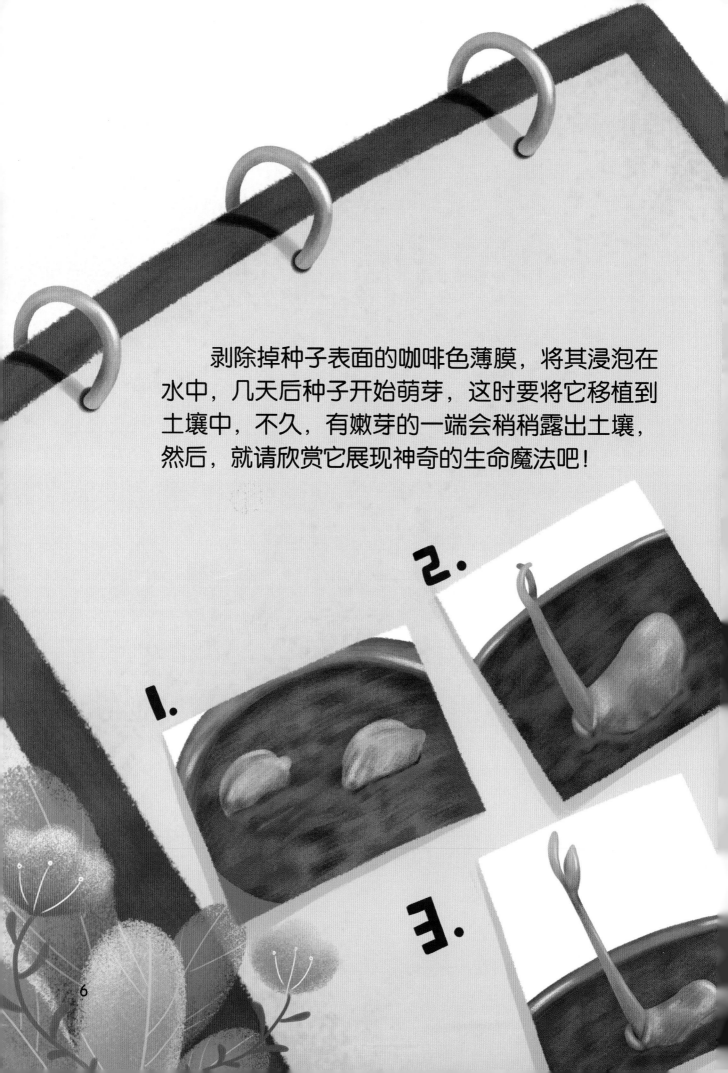

杈果树是一种常绿大乔木，喜欢温暖的气候，最适宜的生长温度是 25℃至 30℃。

8

它可以种在果园里，也可以作为盆栽装点我们的庭院。从播种到果实自然成熟，需要 3 至 10 年时间。如果通过嫁接法来繁殖果苗，就能缩短这一漫长的等待过程。

噌噌噌！小杧果树长得比我们想象中还要快。可杂乱的枝丫会影响到树体的光照和营养吸收，我们通过剪枝来帮助树枝合理分布，让每一根枝丫都能尽情享受"日光浴"。

　　横纹尾夜蛾、扁喙叶蝉、切叶象甲、粉蚧……
这些小害虫会让杧果树生病。不过别着急，有
办法对付它们！

　　使用无公害的杀虫剂喷一喷，哈哈哈！害
虫全都落荒而逃啦！

　　杧果树的根系在地下隐秘生长，施肥的时候，沿着树冠的滴水线挖一圈小土沟，将肥料均匀地填在里面，根系就能从四面八方均衡地吸收营养。

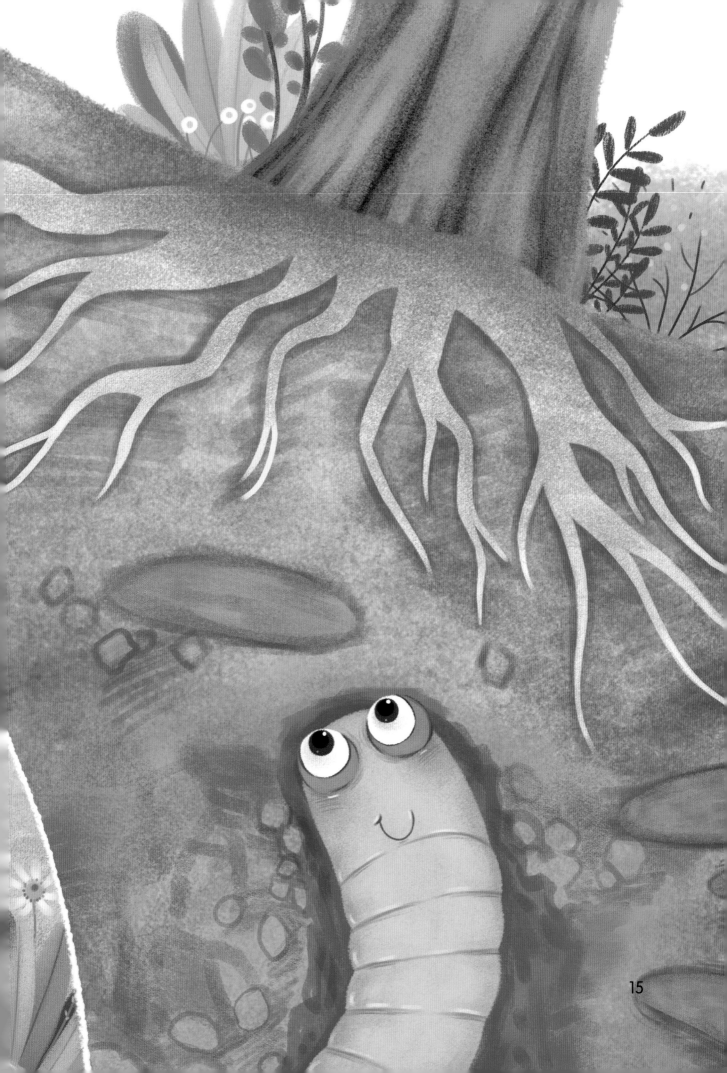

春天，淡黄色的杧果花开得如同满天繁星——不光吸引蜜蜂，还引来成群结队的苍蝇！没想到吧，苍蝇居然是杧果花的"好朋友"！它能为杧果花授粉，让杧果树长得更好，结出更多果实。

温暖的阳光和充沛的雨水让杧果树焕发活力。瞧！圆润的青色幼果已经接连冒头，看这热闹的长势，今年必定又是个丰收季！

5 至 7 月是杧果收获的季节，细腻的果皮包裹着肥厚的果肉，在阳光下闪耀着饱满绚丽的色泽。赶快来采摘吧！别让它们在枝头等急啦！

一般情况下，杧果不需要放冰箱冷藏，在室内阴凉避光的地方储藏就可以。它馥郁的香气能让人心情舒畅，连做梦都香香甜甜的！

有些地方吃杧果的方式很特别——将切好的杧果蘸上盐、酱油、辣椒面等调料，酸甜咸辣俱全，滋味很是奇妙！

杧果的"兄弟姐妹"聚会啦，你能认出它们都是什么品种吗？

24

很多城市的马路边和公园里也种有杧果树，不过这种树的主要用途是绿化环境，可不要轻易去尝试它的果实喔！

如果吃杧果后出现嘴唇肿胀、皮肤发痒等情况，那很可能是过敏了，要马上用清水冲洗干净，然后去看医生！

25

好吃的杧果受到了全家人的欢迎——奶奶喜欢它绵软的口感，妈妈喜欢将它做成凉爽的刨冰；爸爸喜欢嚼杧果干，小朋友喜欢把它切成小果丁，一口接一口地吃，太可口啦！

图书在版编目（CIP）数据

杧果，你从哪里来 / 温会会编；北视国绘 . -- 杭
州 ：浙江人民美术出版社，2022.2
（水果背后的秘密系列）
ISBN 978-7-5340-9314-2

Ⅰ．①杧… Ⅱ．①温… ②北… Ⅲ．①芒果—儿童读
物 Ⅳ．① S667.7-49

中国版本图书馆 CIP 数据核字（2022）第 007034 号

责任编辑：郭玉清
责任校对：黄　静
责任印制：陈柏荣
项目策划：北视国

水果背后的秘密系列

杧果，你从哪里来　　　　　　　　　　　　　温会会　编　北视国　绘

出版发行：浙江人民美术出版社
地　　址：杭州市体育场路 347 号
经　　销：全国各地新华书店
制　　版：北京北视国文化传媒有限公司
印　　刷：山东博思印务有限公司
开　　本：889mm×1194mm　1/16
印　　张：2
字　　数：20 千字
版　　次：2022 年 2 月第 1 版
印　　次：2022 年 2 月第 1 次印刷
书　　号：ISBN 978-7-5340-9314-2
定　　价：39.80 元

★如发现印装质量问题，影响阅读，请与承印厂联系调换。